数字化世界

撰文/古伦维　　审订/庄裕泽

中国盲文出版社

怎样使用《新视野学习百科》?

> 请带着好奇、快乐的心情，展开一趟丰富、有趣的学习旅程！

1 开始正式进入本书之前，请先戴上神奇的思考帽，从书名想一想，这本书可能会说些什么呢？

2 神奇的思考帽一共有6顶，每次戴上一顶，并根据帽子下的指示来动动脑。

3 接下来，进入目录，浏览一下，看看这本书的结构是什么，可以帮助你建立整体的概念。

4 现在，开始正式进行这本书的探索啰！本书共14个单元，循序渐进，系统地说明本书主要知识。

5 英语关键词：选取在日常生活中实用的相关英语单词，让你随时可以秀一下，也可以帮助上网找资料。

6 新视野学习单：各式各样的题目设计，帮助加深学习效果。

7 我想知道……：这本书也可以倒过来读呢！你可以从最后这个单元的各种问题，来学习本书的各种知识，让阅读和学习更有变化！

神奇的思考帽

客观地想一想

用直觉想一想

想一想优点

想一想缺点

想得越有创意越好

综合起来想一想

? 生活中有哪些事物和数字化息息相关？

? 纸质书和电子书，你喜欢哪一种？

? 把资料数字化有什么好处？

? 数字化产品反而给哪些人带来不便？

? 你希望把什么地方做成虚拟现实？

? 数字化为我们生活带来哪些好处和坏处？

目录

■神奇的思考帽

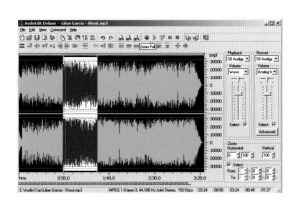

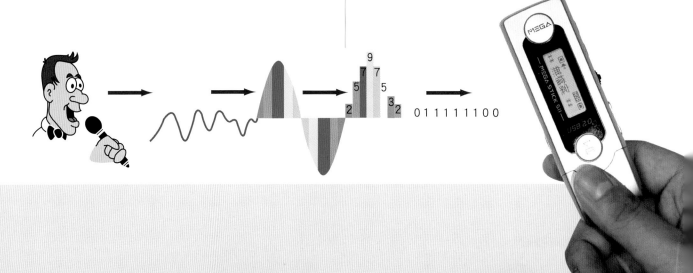

CONTENTS

数字化

在日常生活中，是不是愈来愈常接触到数字化产品，如数字电视、数码相机、数字博物馆等，而企事业单位、政府机关，甚至学校也都在推动数字化工作。数字化正以快速的脚步迈入我们的生活。那么，什么是数字化，为什么需要数字化？

数字化产品已出现在生活各领域中。图为2004年比尔·盖茨示范说明微软公司开发的多媒体产品。（图片提供/欧新社）

什么是数字化

数字化就是将文字、图像、影像或声音，转化为数字信息的技术。这些信息可能经过分割、整合、编排或重组，也可能是原封不动的重现。呈现的方式，有的只是静态地呈现在屏幕上，有的则是有声有色的多媒体，甚至是如临现场的虚拟现实。使用者除了单向的接受之外，也可以双向互动及同步操作。

随着信息科技的发展，原本非数字的资源，例如书籍、文物、照片和磁带等，也都可以转换成数字信息，这就是数字化。

由0与1组成的二进制信号被称为数字信号。数字信息让21世纪的人们跨入了更快速而便捷的生活。

笔记本电脑的蓬勃发展，让大家随时随地都可以运用数字资源。

为什么要数字化

不用搭飞机，只要通过网络就可以进入巴黎罗浮宫参观；不用上街，只要通过电脑就能买东西。错过了黄金时段

数字化对产业的影响

数字化技术应用在电影制作上，可以大幅降低成本。电影《星球大战》的导演卢卡斯（George Lucas）曾宣称不再使用胶片拍电影。在2000年拍摄《星球大战2：克隆人的进攻》时，他采用了高分辨率、每秒24格的Sony数码摄像机，结果总成本降低了80%。

对产业界来说，数字化需投入大量资金。是否能够回收成本仍是未知数，但是没有人敢否定产业数字化的未来。

运用数字化技术，电影的制作更能天马行空。图为《星球大战》中的虚拟人物尤达。（图片提供/欧新社）

的连续剧？别担心，有了数字电视，就算深夜12点还是可以看到。神奇吗？在10年前也许很神奇，然而自从数字技术蓬勃发展以来，这些情景在现代生活中已经很平常了。

比起传统的模拟信号，数字信号有许多优点：可以大量存储，方便管理和应用；传输速度快；能去除噪声干扰，提供高品质的信号。这些优点让过去不可能发生的事情一一实现，给人们的生活带来难以想象的变化。

数字化产品具有高品质、高速度以及可以互动的优点，让人们的生活变得更为便捷。

单元2

文件数字化

自古以来，书籍一直是储存文字和图像的重要工具，而储存起来的文字和图像就是文件。从早期的竹简、绢帛一直到纸张，书籍总是朝着轻薄短小演变，目的无非是为了易于收藏并长久保存，只是成果终究有限。需要大量的储存空间以及不耐岁月的损坏，仍旧困扰着人们。不过，这一切都因为数字化的发展，而有了重大突破。

共32册的《大英百科全书》，经过数字化后，只需要3张光盘。图中书架上的书籍，数字化后也只需要数张光盘，体积大幅减少。

文件数字化让生活数字化

文件数字化不仅大大缩小文件收藏所需的空间，更美妙的是放上网络的

文件数字化后，就可以进行加密和注释。加密的目的是为了避免重要文件被任意读取；为同一文件的不同版本加上注释，则是方便查询。

文件，还可让许多人同时使用，并提供给远距离的使用者。此外，易于管理与长久保存的功能，不但节省人力，提高工作效率，最可贵的是还可以将信息完整无缺地留给后世子孙。

在扫描仪和光学字符识别技术发明以前，人们用传统的方式一字一字输入，将文件数字化。

文字和图片都可以通过扫描变成数字信息；图中的文字是图像格式，需要再经过识别软件才能成为文本格式。

其实文件数字化只是数字化的基础工作，目前我们所享受到的许多数字生活，比如网络传播、数字图书馆、数字博物馆等，都是在这个基础上发展起来的。至于未来它还会为人类生活带来多大变革，恐怕将超乎我们的想象。

自然语言处理技术

虽然利用扫描与光学识别的技术就可将文件数字化，但是却常出现错误。文件不清晰、字与背景颜色相近，或作者笔迹潦草，都会出现识别困难。如果利用自然语言，也就是模拟人类使用语言的方法，就可减少错误，例如"人"和"入"两个字很像，但如果在后面接上"类"字，由于只有"人类"而没有"入类"这个词，就能识别该字为"人"而不是"入"。

拼音输入法就应用了自然语言技术。

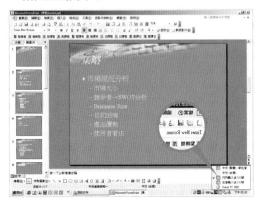

文件数字化的技术

当我们要建立数字化的文件时，最常使用的方法是键盘输入，其次是采用手写或声音输入。除此之外，扫描和识别技术更是让文件数字化的工作快速推进。扫描技术就能够将书面的文字直接输入电脑，不再需要一字一字输入。不过这些文字只是图像格式，也就是以一张图片的形式存在，并不是真正的文字，所以必须再运用光学识别技术（OCR），将图像格式转换成文档格式后，才能够在电脑上更方便地使用。

现在的数码产品常使用文字识别系统。（摄影/张君豪）

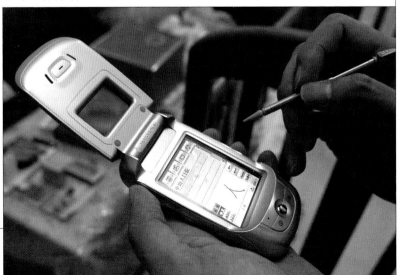

声音数字化

为了满足数字生活的影音需求，不只文件需要数字化，声音也必须数字化，才能在电脑上充分应用。从物理学的角度来看，声音是经由空气或其他介质传播的波，这些波以模拟信号的形式存在，可以显示出音量、音高、音色等声音要素。如果想要将声音数字化，就要先将模拟信号转换成数字信号！

声音数字化后，工作人员可以更轻松地在电脑中灵活运用声音素材。图为利用声音编辑软件选取声音。

声音的采样

采样是将模拟声波转为数字声波的首要工作。它的方法是将模拟声波切成声波小片，把不需要的去除，再将留下来的以"0"与"1"编码后储存。一段数字声波的转换就完成了。

采样率和量化精度是决定声音数字化后品质优

音频格式小百科

为了配合不同的电脑操作系统和播放软件，数字化后的声音文件会以各种格式存储，以下介绍的是比较常见的几种音频格式：

❶WAV：Windows最常见的声音文件格式。由于没有经过压缩或压缩效率低，因此文件储存空间较大。

❷RA：Real系列的文件（Real Audio/Real Video）。一种多媒体文件，在网络传输时可以边下载边播放，节省等候时间。

❸WMA：微软公司（Microsoft）针对网络播放设计出来的声音文件格式，可以像RA一样边下载边播放。

❹AU：UNIX 环境下的声音文件。

❺MIDI：电子音乐文件。只记录音符的高低、长度、音量等资料，因此储存空间很小。硬盘或声卡读取这些设定就可以播放音乐。

虽然音频格式很多，但可以利用软件互相转换。

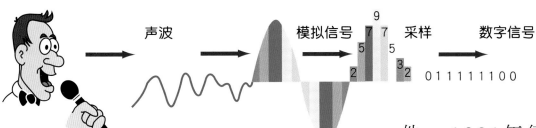

声波 → 模拟信号 → 采样 → 数字信号

011111100

声波类型转换示意图。（插画/陈刚宇）

劣的两大关键因素。所谓采样率，就是指每秒声波的采样次数；量化精度则是每秒声波的采样信息存量。采样率和量化精度愈大，数字化后的声音就愈接近原音，相对地也必须耗费较大的存储空间。

在声音数字化技术发展初期，如何避免失真，同时节省存储空间，一直是研究者努力攻克的难题。

MP3让数字音乐更上一层楼

保持原音、节省存储空间，是制作优质数字音乐所必须具备的两大条件。1991年德国的研发单位Fraunhofer专门与Erlangen大学合作，共同制定出动态影像专家压缩标准音频层面3标准（简称MP3）。这是一种数字音乐压缩演算法，它的原理是滤除人耳无法察觉的声音，例如过高和过低频率的音乐，或是太弱的声音，以减小文件来节省数字化后所需的存储空间。MP3技术让数字音乐更易于传播与携带。

由于数字录音可以很容易消除环境的噪声，修饰声音的缺陷，因此可以呈现更完美的录音效果。（插画/陈桂娥）

看来轻巧的MP3却可以存储高容量的音乐，这都归功于数字技术。（摄影/陈刚宇）

图像数字化

和声音一样，图像也是一个连续的模拟信号，将模拟信号转换为数字信号就可以让图像数字化。因此，采样也是图像数字化过程中的首要工作，方式是在固定面积之内取出数个点，并记录下所有点的颜色，然后以数字编号，譬如用"2"代表红色、"3"代表黄色……再将这些数字转为"0"与"1"的编码，就完成了数字化采样。如果针对整个图像撷取足够多的采样，就可以完整地将图像数字化了。

图像的色彩记录

除了图像轮廓之外，色彩是显示图像的重要信息，通常记录色彩的方式有灰度、RGB和CMYK三种。灰度用来记录黑白或单色图像的色彩，只需记录单一颜色的深浅程度即可；RGB常用于电子文档，代表光的三原色红、绿、蓝，图像采样后每个点的色彩都由这三原色的混合比例表示；而CMYK则用于平版印刷，代表的是颜料的三原色青、品红、黄，加上黑色。如果数字图像需要印刷，就必须将RGB文件转成CMYK文件。

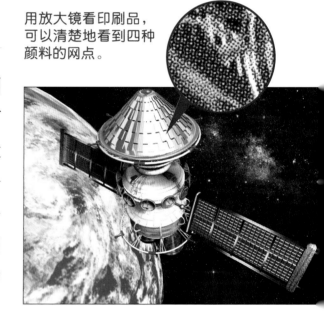

用放大镜看印刷品，可以清楚地看到四种颜料的网点。

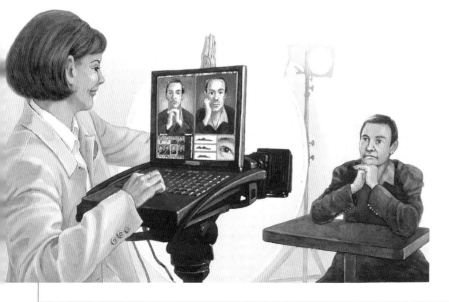

数码照片可利用软件随心所欲地美化，甚至能消除人物照片上的皱纹和改变眉毛的粗细。（插画/陈桂娥）

设置电脑桌面背景

想要拥有自制的电脑桌面背景吗？
下面就让我们来教你动手做做看哦！

❶拿起数码相机，拍摄自己想拍的对象或风景。

❷将数码相机的图像输入电脑。

❸箭头停留在照片上，双击鼠标左键，打开图片。然后单击鼠标右键，再单击对话框中"设置为桌面背景"。

❹好啦！自制的专属桌面完成了！

（图文/张君豪）

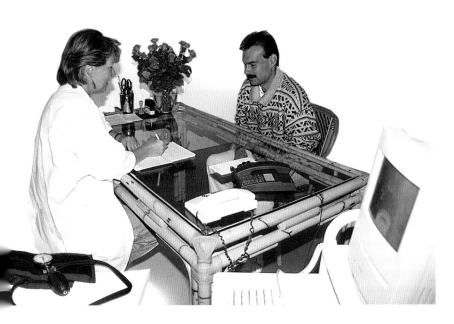

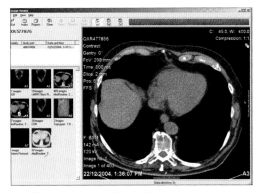

目前的医学图像数字化仪器包括X光、超声波及CT等。图为CT图像。

医学图像数字化

你能想象一南一北两位医生，通过屏幕共同为患者会诊的情形吗？图像数字化让这个不可能的任务成为了现实。

数字图像传输快速的特点使远距离诊断成为可能，而放大缩小特定部位以及将图像清晰化的功能，更有助于医生研究判断病情，提升医疗品质。

此外，易于建档、便利搜索管理的优点，也大大提高了医院的行政效率，所以将医学图像数字化，已成为医院管理的未来趋势。

医院数字化后，通过电脑就可以查看病人的病历、检验图表及报告等。

扫描仪

如何将手上的图片用最快的方式和朋友分享呢？答案是利用网络传送。没错，但首先必须将图片数字化才行，而这项重要任务就得靠扫描仪完成。扫描仪是目前很普遍的一项电脑外部设备，通过扫描仪人们才得以将纸质资料转成数字图像文件。

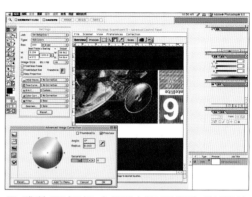

虽然数码相机也可以将纸质资料翻拍成数字图像，但扫描仪效果更好，它有许多参数可供调整，数字化的质量自然更佳。

扫描仪如何让文件数字化

扫描仪利用光学原理来获取图像，它的方式是将光线均匀地照射到被扫描的文件上，再以感光元件接收反射回来的光信号，转换为电信号（模拟信号），然后利用模拟/数字（A/D）转换器转成数字信号，存储成文件。目前

最常用的感光元件包括电荷耦合元件（CCD）、接触式图像传感器（CIS）及互补金属氧化物半导体（CMOS）。

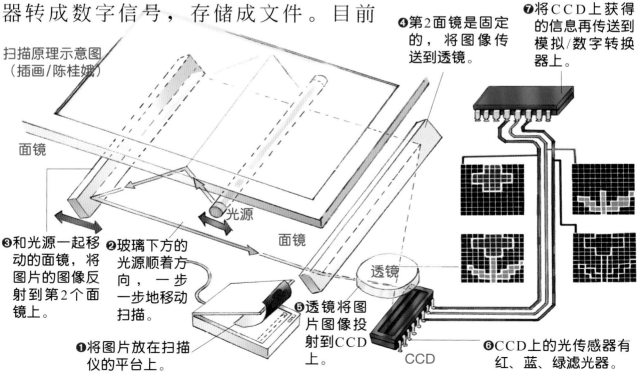

扫描原理示意图
（插画/陈桂娥）

面镜

光源

面镜

❹第2面镜是固定的，将图像传送到透镜。

❼将CCD上获得的信息再传送到模拟/数字转换器上。

❸和光源一起移动的面镜，将图片的图像反射到第2个面镜上。

❷玻璃下方的光源顺着方向，一步一步地移动扫描。

透镜

❺透镜将图片图像投射到CCD上。

❶将图片放在扫描仪的平台上。

CCD

❻CCD上的光传感器有红、蓝、绿滤光器。

扫描小秘诀

想扫描出一张完美的图片吗？下面的步骤可是不可或缺的哦！

❶ 打开扫描仪预热：可以使灯管均匀发光，平均照射到每个角落。

❷ 进行预扫：预扫不但可以确认选取的扫描区域，还可根据效果调整扫描仪的设定。

❸ 选择合理的扫描分辨率，即每英寸所能扫描的点数（DPI）：虽然DPI越大图像质量越好，但扫描出的文件也越大，因此根据需要选用DPI是很重要的步骤。比如预计放在网络上分享的资料，可以选择设定较小的DPI；如果想供印刷使用，那么就得设定较大的DPI，图像会更清晰。

❹ 3D物体平面扫描：可用其他颜色的纸张或布加以覆盖，防止扫描仪受到其他光线的影响。

善用扫描小秘诀，就可以得到优质的数字图像。（摄影/张君豪）

扫描仪的种类很多，像这台扫描仪可以用来扫描立体的物品。（图片提供/欧新社）

扫描仪的种类

可以根据需要选择不同类型的扫描仪。

● 掌上型扫描仪：外形类似便利商店的条码扫描仪，有黑白、灰度和彩色等类别。

● 小滚筒式扫描仪：有固定式扫描镜头，使用时让物件通过镜头。优点是体积较小，缺点是有规格上的限制，例如扫描物不能太厚。

● 平板式扫描仪：这是目前扫描仪的主流，优点是使用方法和复印机一样，不论书本、照片都可以扫描，扫描出来的质量也不错。

其他还有笔式扫描仪、条码扫描仪、底片扫描仪、3D立体扫描仪等。

笔式扫描仪：顺着文字方向移动，扫描仪就会依次将文字内容扫描并存进存储卡中，再连接上电脑，就可以编辑扫描内容。（插画/陈桂娥）

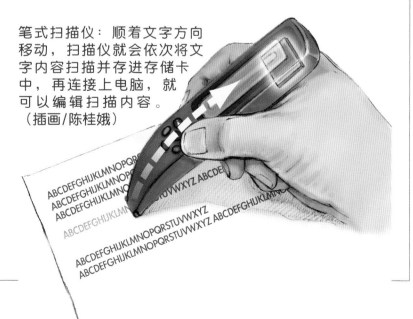

数码录音笔

　　将声音记录下来，一直是人类长久以来的梦想。1877年爱迪生发明了一种录音装置，并且亲自录下了《玛莉有只小绵羊》的歌词："玛莉有只小绵羊，它的绒毛像雪一样白。"虽然只是短短8秒的声音记录，却是录音史上的第一声，也将人类文明自文字记录推向声音记录。早期的录音和放音机器是分开的，一般人很难自己录音。直到1935年磁带录音机的发明，才终于让人们得以随心所欲地录下任何想要的声音。

录音笔的数字化功能

　　录音笔为什么能够如此快速地掳获人心呢？存储容量大是它最大的优势。只要携带一支小小的录音笔，就可以进行长达数十小时的录音。录完音后还可以选择直接由录音笔播放，或者转存在电脑里。

　　由于录音笔的声音文件属于数字格式，易于查询及反复播放，因此适合在教学上使用。另外，存入电脑后的录音文件，还可以进行其他后续的编辑和剪接处理，方便保存管理和灵活运用，这些功能都是传统录音机办不到的。

　　录音机为人们带来莫大的便利，然而当拇指般大小的数码录音笔出现后，却在短短的几年间就取代了录音机的地位。

从录音机到录音笔，标志着数字技术进入录音科技。（摄影/陈忠民、张君豪）

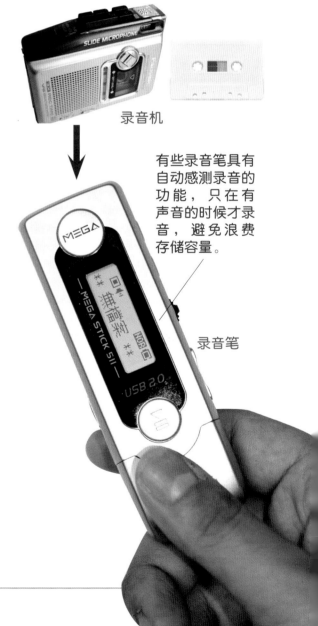

录音机

有些录音笔具有自动感测录音的功能，只在有声音的时候才录音，避免浪费存储容量。

录音笔

录音笔的选购

录音笔除了录音的基本功能外，还搭配了其他各种功能，因此如何根据需要选择合适的录音笔，是必须考虑的问题。

❶ 选择录音时间：可连续录音的时间与录音笔的容量和耗电量有关，如果需要经常长时间录音，一定要注意录音笔的储存容量。

❷ 选择合适的附加功能：如果喜欢听音乐，可以选择与MP3结合的录音笔；如果需要专业功能，那么就要考虑录音音质较佳的录音笔。

❸ 选择与电脑的相容性：电脑的规格变动快，购买录音笔时需注意与当前电脑提供的接口是否相符，这样才能与大多数的电脑连接使用。

以前，多功能的MP3加上麦克风也可以录音。（摄影/曹盛尧）

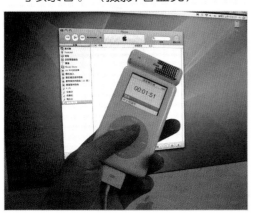

录音笔——记者的最爱

录音机的发明，最大的受惠人群就是记者和文字工作者，他们可以将采访的内容录制下来，不必担心遗漏重要信息。而数字录音笔的出现，更是让他们如虎添翼。

如果想进行电话采访，只要使用具电话录音功能的录音笔，就能清晰录下对话；想截录广播内容，没问题，有些录音笔不但可收听调频广播，还能够录下内容；另外，具有TTS（文字转语音，Text to Speech）功能的录音笔，更可将文字转成语音播出；结合数码摄像功能的录音笔，甚至可拍摄现场的环境和资料。这么多的功能，是不是很好用呢？

现在的录音笔很容易和电脑连接。（摄影/张君豪）

电脑和录音笔是记者及文字工作者必备的工具。

数码相机与数码摄像机

（图片提供/欧新社）

与传统相机相比，数码相机不需要底片，既方便又省钱。

数码相机（DC）与数码摄像机（DV）是两种最常用来记录影像的数码工具，所拍摄出来的影像都属于电子文档，因此可在电脑上进行后期制作，并且利用网络传送。

数码相机连接电脑后，可以将图像长久储存，并通过网络自由收发；也可以选择图像打印或冲洗成照片，甚至修饰图像并重新组合。（插画/陈桂娥）

赏玩影像，展现创意

数码相机是静态式数码照相机（Digital Still Camera）的简称，与传统相机的构造很类似，都具有镜头、闪光灯、光圈、快门、焦距与取景器等，只是在感光装置上有所不同。一般传统相机是通过底片感光来保存图像；而数码相机则使用CCD或是CMOS作为感光元件，并将拍摄的图像储存在数码相机的存储卡中。

CCD

数码相机使用CCD为感光元件，虽然耗电且成本高，但图像质量较好。（摄影/张君豪）

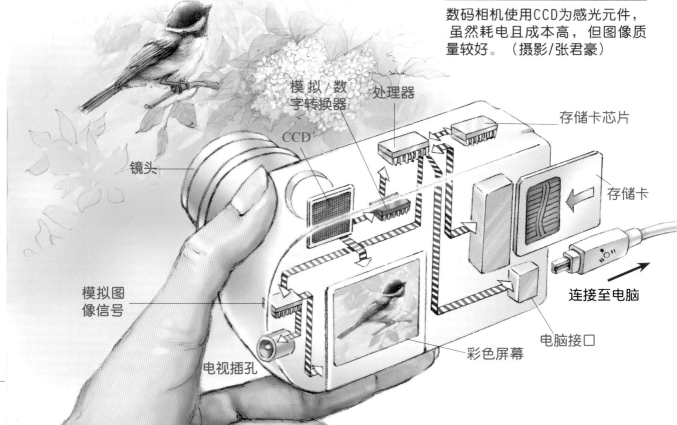

模拟/数字转换器

处理器

CCD

存储卡芯片

镜头

存储卡

模拟图像信号

连接至电脑

彩色屏幕

电脑接口

电视插孔

左图：利用图像编辑软件，可以将数码相机所拍摄的照片修饰得更清晰、完美。

右图：DV影像的感光元件为CCD，和数码相机相同。

数码产品跟你上山下海

　　带着传统相机或摄像机出门，难免担心在游玩的过程中造成损坏。新一代的数码相机与数码摄像机，为了更便于携带，增加了许多外出型的机种，除了一般的抗震和防尘功能外，有的防泼水数码相机，还可以应付浪花泼溅或是突然的大雨；装有潜水箱的相机与摄像机还可以让使用者隔着它操纵，并且完全防水，是不是好玩又好用呢？

为了适用于各种环境，有些数码相机增加了特殊功能，如防泼水等。
（图片提供/欧新社）

　　由于图像是电子文档，因此使用者还可以进一步在电脑里欣赏，展现创意。

 ## 让你做制片

　　如同其他数码产品，数码摄像机也是采用数字信号作业，因此，和传统摄像机相比，它的优势在于拍摄出来的影像不易失真而且噪声较少。另外，还可以使用电脑进行后期制作加工，例如增添字幕、背景音乐与剪接等，让一般人也能轻易用DV录制自己的生活影片。

数字化后的图像可以通过电脑进行剪接和编辑等后期制作加工。

数字电视

1953年，美国开始出现彩色电视，从此电视挥别黑白跨进彩色。进入21世纪，数字电视再掀起重大变革，这一次，它要带领人们迈入怎样的视频世界呢？

想象一下，观赏一场电视台转播的NBA篮球赛时，不必再为了赶不上时间而着急，因为你可以自由选择播放的时间；球赛进行中，还可以任意切换镜头，拉近、俯看、仰看或侧看。很幸福吧？这只是数字电视提供的服务之一。数字电视不再只是单方面的输出和接收，还可以互动式地选择并提供更多服务。

什么是数字电视

数字电视的英文简称是DTV，能提供优质的影音效果，如全数字化的8倍密高画质，5.1声道高音质，16：9的宽屏，再加上互动式服务。

传统电视以模拟信号传送信息，数字电视则是将影音画面等资料作数字化压缩处理后再传输，因此在同样的频宽里，可以传送超过4至5倍的资料量，不但信号稳定，更可去除噪声。这就是数字电视能够拥有较高画质、音质并提供互动服务的原因。

除了可以自由选择播放的节目，数字电视还可以在时速130千米的交通工具上显现清楚的画面，因而即使出门在外也可以随时随地收看即时的节目。（插画/陈桂娥）

只要在传统电视机上加装数字机顶盒，就可接收高画质的数字电视节目。（摄影/张君豪）

数字电视的发展

美国是全球数字电视发展最快的国家，拥有好莱坞庞大的娱乐资源固然是重要因素，有线运营商投入大量资金更新网络设备，并制作随选视频及互动式等新型节目，也是功不可没。1998年11月英国首播数字电视节目，是欧洲开播最早的国家，尽管英国在一定时间内仍采用数字和模拟同步广播的形式，但当数字电视普及率达95％时，则停止了模拟频道。

数字电视已出现在传统电视的卖场中。（摄影/陈刚宇）

倍频扫描让画质更清晰

由上到下的横向扫描线是构成电视画面的主要元素，通过快速扫描，观众就能看到一幕幕的影像。传统电视有480条扫描线，以交错方式扫描，也就是先扫描奇数行（第1,3,5……），再扫描偶数行（第2,4,6……），然后相叠成一个画面。通常每秒钟会扫描60次产生30个画面，这种交错扫描的显示模式就称为480i。因为是由两个图框组成，所以画面会闪烁不定。数字电视除了保留交错式扫描外，另外还提供了倍频扫描（或称逐行扫描）的显示模式，称为480p。这种模式以循序方式扫描（第1,2,3……），可减少闪烁并改善因视觉暂留所造成的不清晰感，显现出更高的画质。

数字电视是许多国家积极发展的产业，图为日本东京的数字电视墙。（图片提供/欧新社）

数字信息的存储

就像衣服要摆放在衣柜里一样，文件、图像、声音等数字化后的资料，也要找个空间存放起来，电脑的硬盘就好像衣柜，可以存储资料。但是硬盘空间毕竟有限，因此需要把不常使用的资料存放在其他媒体中。

DVD

光盘

要显现较佳的音质和画质，通常必须有较大的容量。CD系列由于受限于光盘材质与资料格式，始终无法突破700MB左右的存储容量。DVD则因为使用较短波长的激光束来存取资料，并提高光盘资料的密度，让存储容量得以提高到4.7G（第一代），是CD产品容量的7倍，若采取双面双层的记录方式，容量更可达17G。

目前常用来储存资料的是光盘，依据规格可分成CD、DVD及蓝光等系列。

DVD目前最常用来存储电影或现场演出资料，为了避免被拷贝及平行输入，全世界的DVD被分成6区，并以编码技术在DVD影片加入区域码。中国属于第6区，因此所销售的DVD播放机只能收看第6区的影片，或是没有区域限制的全区影片。

为了避免遗失或遭受破坏，有些重要的电子文档会复制存档，备份文件通常会以光盘或移动硬盘存放。

CD、DVD和蓝光是光盘中最常使用的规格。

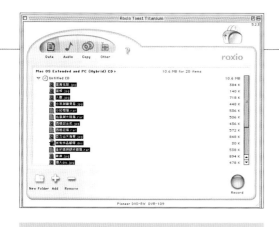

左图：利用简单的刻录软件，就可以很方便地将资料储存在光盘中。

右图：以DVD方式制作的电脑游戏，可以储存大量资料，呈现更逼真的场景。

认识光盘

　　光盘除了有CD、DVD及蓝光的规格差异外，也因为读写功能的不同，而有三种格式，购买时要特别注意！

❶只读型：这种光盘仅供读取发行前存入的资料，无法再变动内容。

❷一次写入型：这种光盘只能写入一次资料，也不能删除。虽然目前的光盘机已经可以将光盘的空间分成数个区块，以便分次写入，但被写入的区块仍然不能再次使用。这种光盘通常用于内容量大的资料的存储与备份。

❸多次写入型：这种光盘可以多次读取和写入，因此适合存储可能会变动或内容量较小的资料，价格较高。

蓝光

　　蓝光（英文Blu-ray，简称BD），以利用波长较短的蓝色激光读取和写入数据而得名。蓝光是DVD之后下一代的高画质影音存储光盘媒体，容量达到25G或50G，是DVD的5倍以上，单层即可刻录一部长达4小时的高清晰电影，为高清娱乐的发展带来巨大可能性。蓝光光盘会用MPEG-2压缩技术，与全球的数字广播标准保持兼容。蓝光存储PS3游戏不分区，电影分区。中国区蓝光光盘使用中国自主的编码格式CBHD（中国蓝光高清）。（撰文/徐廷贤）

DVD读取原理示意图（插画/陈刚宇）

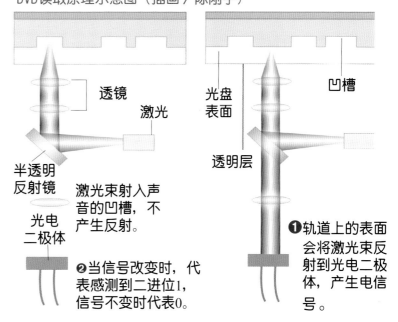

透镜
激光
半透明反射镜
光电二极体

激光束射入声音的凹槽，不产生反射。

❷当信号改变时，代表感测到二进位1，信号不变时代表0。

凹槽
光盘表面
透明层

❶轨道上的表面会将激光束反射到光电二极体，产生电信号。

电子字典与电子书包

进入数字时代，人们的食、衣、住、行、学、玩，都正以不可预料的方式发生转变。过去的你不可能带厚厚的英汉词典出国旅行，现在却可以带着它走遍世界各地，因为它已经成为电子字典；过去的你恨不得甩掉沉重的书包，这个心愿将由未来的小朋友代你完成，因为他们拥有电子书包。

目前电子字典正朝平板电脑式的多功能设计发展。

随身翻译——电子字典

带着字典去旅行，很难想象吧？只有手掌大小的电子字典，体积虽小却能容纳数本字典的内容，并提供多种语言

电子字典提供发音范例，不仅可学习语言，和外国人沟通时甚至可以直接播放语句，可说是最佳的随身翻译。

电子书

电子书就是指可以在电子设备（比如平板电脑）上阅读的书籍，电子书包里的教材就是一种电子书。电子书具有多种功能：可以存储大量的资料，进行互动，容易检索，又可以和其他资料链接，这些都是纸质书不能达到的。电子书可以存储在光盘里，也可以上网下载。随着平板电脑、智能手机和电子书包等的发展，电子书也如纸质书般可以随身携带和阅读。不过，因为流通容易，著作权的保护就相对较为困难；而电子屏幕不适合长时间阅读，则是电子书推广的最大障碍。

利用手机也可以下载电子书。（摄影／陈刚宇）

如何选择电子书包？适合阅读的规格、屏幕大小、耗电量（持久性）、音效和图像品质都是考量重点。（图片提供/颜膺修）

电子书包全面使用后，小朋友就不用再扛着大书包去上学了。（摄影/张君豪）

互译，因此一推出就大受欢迎，这当然是数字化的功劳。将传统字典的内容数字化后存入电子字典中，使用时只要输入想要查询的字，就能在屏幕上看到相关资料，比起依字母顺序一页一页查询，是不是方便许多？

电子书包让上学更轻松

不用粉笔、没有黑板也能上课吗？是的，不但能上，而且还能上得更生动有趣。

电子书包是一个可以随时连上网络的硬件设备，体型轻巧，携带方便。

上课时，只要打开电子书包上网，就可以和老师进行互动，或和同学进行讨论。更重要的是，电子书包还可存放大量的数字教材，能减轻学生背负的重量。当然，具有声光影音效果的内容，也是电子书包吸引人的地方。

在校园进行植物调查时，同学们可以利用电子书包拍摄，并直接查询相关资料。（图片提供/颜膺修）

电子钱包

（图片提供/欧新社）

你有网络购物的经验吗？在数字生活中，网络购物提供了另一种便捷的购物体验，深受忙碌的现代人喜爱。只是以信用卡网上支付的方式，却又让人担心个人资料外泄或遭盗用，电子钱包能让你减少这个顾虑。

当电子钱包的功能足以保障网络购物的安全时，传统购物会受到怎样的影响？

网络购物的安全保障

电子钱包是一种符合安全电子交易协议（SET）的产品，由银行发行，也可以视为"网络信用卡"。在电子钱包中，存有信用卡号、信用卡有效日期及电子证书等个人资料。进行网络交易时，电子钱包会将个人资料加密，再传送到特约商店，特约商店只能够读取所购买物品的信息。至于信用卡账号等私人资料，只有发卡银行才能解密读取，具有极高的安全保障。

网络购物虽然给人们带来便捷，相对地也有很高的风险，而这个风险就必须由电子钱包来应对了。

世界上最大的网络书店——亚马逊，每日寄书给世界各地上网订购的读者。（图片提供/达志影像）

储值卡

目前，电子钱包的使用率并不高，市面上较常见到的类似产品是储值卡。它的使用方式是预先将现金资料存入卡内，待购物时再从卡中扣款，例如便利商店储值卡、网络储值卡、咖啡店储值卡、公交储值卡，甚至电话储值卡，都是这类产品。储值卡一般是由商家发行，但不一定会储存个人资料，如果商家倒闭或是卡片遗失，储值卡就不能再使用，对使用者来说较乏保障，但好处是不用携带现金出门，减少了"钱财露白"的机会。

德国的公交车上，乘客用手机在感应器上扫描一下，就付了车票钱。（图片提供/欧新社）

电子证书

电子证书（SET ID）是在网络交易时，用来使双方互信的数字凭证，是电子钱包必备的工具。它的功能有如身份证或护照，必须由使用者向具有SET服务机制的银行申请。电子证书利用信息加密的方式，将交易信息加密或者转换成必须使用"钥匙"才能开启的密码。

结合电子钱包的手机

只能在网络上购物的电子钱包，在实体商店中完全派不上用场。为了扩大它的使用范围，人们开发出一种结合手机和电子钱包功能的全新手机，可替代信用卡、储蓄卡和车票等，只要经过机器扫描，就可付款或购物。目前这种结合电子钱包功能的手机已经在北欧与日本使用。

电子地图

想了解住家附近的相关设施吗？只要登陆电子地图网站，输入地址，一张张标示着学校、商店、餐厅、加油站、公交车站、地铁站、图书馆、医院等的地图，就一清二楚地显现在屏幕上了。

电子地图的功能不只是这些，它还可以搜索风景区、餐厅和图书馆等各种场所，或是寻找道路并规划路线，甚至协助选择理想的住房等等，生活上的许多需要都可通过电子地图得到满足。

GIS和电子地图

电子地图的制作，除了使用数字化技术外，还得结合GIS技术、数字制图技术、多媒体技术和虚拟现实技术等。其中以GIS技术最为关键，这是一种地理信息系统，可以有效地获取、存储、分析和展示各种地理信息。比起纸质地图，

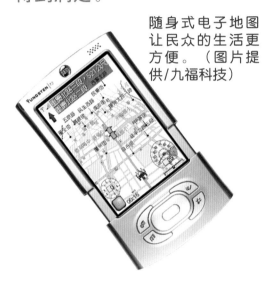

随身式电子地图让民众的生活更方便。（图片提供/九福科技）

电子地图的呈现更丰富，例如可依使用者的需求，局部放大或缩小，也能加上动画，甚至虚拟现实。

随身式电子地图

除了可上网搜索外，许多电子地图还存放在光

民众可针对自己的需求，通过网络下载各种形式的电子地图。（图片提供/九福科技）

网络卫星地图与国防安全

想看看自由女神举的到底是左手还是右手吗？网络搜索引擎提供商Google，提供了一项网络地图检索服务（Google Earth），让使用者可以放大或缩小目的地的卫星地图。通过这项服务，人们可以清楚地看见各地的山川、河流及人造设施，学习地理知识。不过，国家安全问题却叫人担忧，因为一般人就可以从网络地图轻易发现军事设施及其他重要建筑。因此在信息流通的过程中，必须特别注意重要信息的安全管理，以及科技进步可能带来的误用和危害。

目前市面上已经推出多种电子地图产品，供民众选择。（图片提供/九福科技）

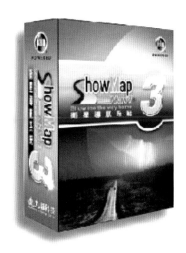

盘或其他的存储设备上，可以让使用者带着走，例如安装在汽车或手持平板电脑、Pocket PC上。不过，随着网络科技的发展，有些随身式电子地图也可以让使用者自己上网下载，随时更新了。

使用随身式电子地图，如果配上GPS接收机，还能够利用全球定位系统，在电子地图中标示出使用者的位置。如果再结合导航系统，那么电子地图又能为使用者规划出最佳路线，是不是很好用呢？

结合全球定位系统的电子地图，让你即使身处陌生的地方也不用担心迷路。（图片提供/九福科技）

数字安全管理

将手掌往门边的装置一放，紧闭的大门立即打开，这是科幻电影里常看到的情景。门边的装置就是为了验明访客身份所配备的掌纹识别器，有了数字化技术，这样的安全管理形式可在真实的生活中上演。

澳大利亚悉尼机场拟通过眼睛扫描来确认乘客身份。（图片提供/欧新社）

生物认证技术

为了保护生命财产的安全，人们在生活中设置了各种权限与安全管理，例如银行提款和大楼门禁就普遍使用密码和人员警戒。不过，数字技术却让这种传统管理形式产生了重大的变化。

数字化的安全管理是如何应用在生活中的呢？它的方式是将人们的生物特征，例如声音、指纹、虹膜等资料，数字化后存档，在需要确认身份时，再用数字装置比对，就可以识别了。其中，生物认证技术是关键。

声纹识别

声纹识别通过比对声音频谱（频率分布）来识别身份，属于生物认证技术的一种。使用者将声音（可能是一句话）输入数字装置，进行数字化后，再与资料库中的声音比对，就可以确认使用者的

生物认证技术让数字安全管理不再只是电影中的情景。

身份。

声纹识别的使用范围很广，小至笔记本电脑确认拥有者和大楼门禁装置确认住户，大至警察系统确认嫌犯身份等，都采用此类技术。

图像生物认证技术

除了声纹之外，掌纹、人脸、虹膜、视网膜、笔迹等，都可作为认证资料。每个人的生物特征都不同，因此此技术很适合用于权限控制和管理，目前已有公司使用人脸识别系统作门禁。这类系统的运作方式是将使用者的脸或虹膜以拍照或扫描的方式做成数字图像，然后从中取出特征点，再和资料库中存储的资料比对，就可识别使用者的身份。

目前许多大楼通过电子安全管理来维护住家安全。（摄影/张君豪）

密码管理与生物认证

想想看，生活中需要牢记几组密码呢？目前常用的密码认证，缺点是容易遗忘及被盗用。如果利用生物特征作密码，就没有这种困扰了。不过，生物特征仍然有被仿制的风险，而且目前识别率还未达到百分之百。为了保障安全，最好同时使用两套系统交叉比对，例如先确认使用者设定的密码，再利用生物特征识别身份。

同样的，国家安全的考量也很重要，因此目前已有国家着手制定在入境时扫描入境者生物特征的法规。

利用指纹和人脸等生物特征作为识别的依据，是数字安全管理常用的方法。

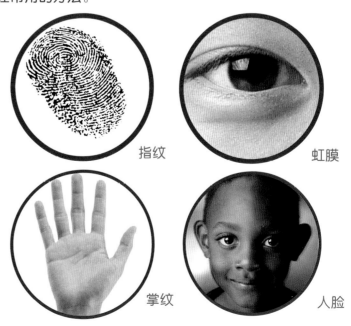

指纹　　虹膜　　掌纹　　人脸

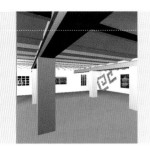

虚拟现实

想追随阿姆斯特朗漫步月球，体验失重的感觉吗？在未来，这个梦想也许可以实现哦！不过不是在真实的世界，而是在数字技术发展下的虚拟现实里。

早在1965年，美国犹他州州立大学电脑图像学之父艾凡（Ivan Sutherland）就提出"终极的显示方式"（ultimate display），

希望通过电脑图形显示，可以让人们看到虚拟中的世界。这在当时确实令人难以想象，不过经过30多年的发展，人们终于看到成果，并将其普遍应用于各个行业。

虚拟现实应用在电脑游戏上，增加了游戏的真实感。（图片提供/欧新社）

3D技术与虚拟现实

利用电脑绘图或图像合成技术，并结合声音、触觉甚至味觉，构建一个具有3D立体空间感的虚拟世界，就是虚拟

利用3D绘制的线图是虚拟现实的基础，只要再搭配适合的材质和影音效果，就能制作出需要的场景。

印度著名的游戏设计公司，职员正在制作3D画面。3D技术使电脑游戏发展成为立体的虚拟世界。（图片提供/欧新社）

现实。这个虚拟世界可能是人们所熟悉的环境，也可能只是想象空间。目前网络上最常见的720°虚拟现实，除了平面环境外，还提供向上的角度。

立体音效和3D画面技术，是构建虚拟现实的最大功臣，它们帮助呈现虚拟世界的空间感和层次感。不过，研究人员并不满足，他们期望有一天人们能在虚拟世界中，享受真实的触感和嗅觉，甚至尝到味道。

3D技术的发展

3D指的是立体影像，而2D则是平面影像。在3D技术尚未发展之前，为了表

3D技术不只应用在游戏或虚拟现实上，它也是处理电影动画与特效的绝佳工具。（图片提供/台湾船舶中心）

现立体效果，会使用2D的模拟技术，例如利用前景与后景卷动速度的快慢来表现，或多角度绘制2D图像再加以结合，或利用2D图形的变形达到3D的效果。3D技术发展成熟后，许多需要"身临其境"的效果就改用3D技术来实现了。

即时飞行模拟系统

驾驶模拟是运用3D虚拟现实技术的系统之一，其中又以飞行模拟最常使用。由于飞机价格昂贵，驾驶技术也有一定的难度，因此以实机训练飞行人员风险极高。如果先以飞行模拟系统训练，等技术纯熟并习惯飞行环境后再实机操作，则可降低意外发生几率又比较省钱，难怪备受青睐！

运用虚拟现实，让飞行员真实地体验驾驶飞机的各种状况。（图片提供/欧新社）

另外，飞行模拟系统也备有模拟战争场景，可供战斗机驾驶员演练战术，练习如何与敌机交锋。

飞行模拟系统除了模拟飞行的影像外，还有引擎运转、飞机撞击、空气扰动等相关声音搭配，务求与实际状况相符。

英语关键词

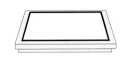

数字	Digital	电子书包	eSchoolbag
数字化	Digitalization	信息	Information
数码相机	Digital Camera，DC	信息爆炸	Information Explosion
数字频道	Digital Channel	模拟	Analog
数字内容	Digital Content	二进制的	Binary
数字图书馆	Digital Library	复制	Copy
数字生活	Digital Life	压缩	Impress
数字博物馆	Digital Museum	存储	Storage
数码相片	Digital Photo	存储器	Memory
数字电视	Digital TV，DTV	文件	File
数码摄像机	Digital Video，DV	文件格式	File Format
数码录音笔	Digital Voice Recorder	版本控制	Version Control
电子书	eBook	CD光盘	Compact Disk，CD
数字学习	eLearning	DVD光盘	DVD
电子地图	eMap	规格	Spec
电子邮局	ePost	可写入的	Writable
电子钱包	eWallet	可重写的	Rewritable
电子字典	eDictionary	密码	Password

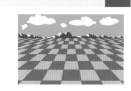

权限　Permission

加密　Encryption

解密　Decryption

全屏幕　Full Screen

多媒体　Multimedia

全动态　Full Motion

互动式　Interactive

搜索引擎　Search Engine

传输速率　Transmission Rate

图像　Image

像素　Pixel

分辨率　Resolution

扫描　Scan

扫描仪　Scanner

预扫描　Pre-scan

采样　Sample

信号　Signal

噪声　Noise

动态影像专家压缩标准
音频层面3　MP3

文字转语音　TTS

虚拟现实　Virtual Reality

模拟　Simulation

三维空间立体　3D

光学识别　OCR

语音识别　Voice Recognition

识别率　Recognition Rate

电子安全交易　Secure Electronic Transaction，SET

电子证书　SETID

储值卡　Stored Value Card

生物特征识别技术　Biometrics

声纹　Voice Print

地理信息系统　Geographic Information System，GIS

全球定位系统　Global Position System，GPS

1 请举出数字化的三个理由。

_____

_____

_____

（答案在06—07页）

2 连连看，哪些是文件数字化的步骤？哪些是声音数字化的步骤？哪些是图像数字化的步骤？

文件·　　·翻拍图片

　　　　·声波采样

声音·　　·扫描

　　　　·用数字表示颜色

影像·　　·OCR

　　　　·决定音频文件存储格式

（答案在08—13页）

3 下面关于图像数字化的叙述哪些是正确的？

1. 我们可以从解析度判断图像数字化后的品质。

2. 灰度可记录图像中的多个色彩。

3. 数字冲印的照片与拍摄时的图像完全

相同。

4. 失真是指数字化后的资料遗失了原来资料的某些重要信息，使结果变得不真实。

5. 声音与图像的数字化都需要采样来制作。

（答案在12—13页）

4 请举出与图像或声音有关的三个数码产品，再说说看这些产品有何优点？

_____

_____

_____

（答案在16—21页）

5 请问以下的特点属于只读型、一次写入型还是多次写入型？

1. _____买来的唱片或软件光盘

2. _____写入的资料不能删除

3. _____可随意删除不要的资料

4. _____价格较贵

5. _____适合存储可能会变动或容量较小的资料

（答案在22—23页）

6 连连看，哪些是纸质书的优点，哪些是电子书的优点？

　　　　　　　·资料量大

纸质书· ·适合长时间阅读

　　　　　　·较易维护著作权

电子书· ·容易搜索资料

　　　　　·可和其他设备或资料
　　　　　　连接

（答案在24—25页）

7 举出五种生物认证技术，再想想看，为什么有了生物认证还需要密码？

_____

_____

_____

_____

_____

（答案在30—31页）

8 以下关于数字产品应用的叙述，哪些是错误的？

1. 3D立体影像可以使用2D平面影像来模拟。

2. 电子钱包并不包含安全管理的机制，所以不安全。

3. 电子地图除了上网使用外，也可以通过手持设备随身携带。

4. DPI的设定并不会影响扫描结果的质量。

5. 倍频扫描的数字电视影像较交错式扫描清晰。

（答案在15，21，26—33页）

9 连连看，将扫描秘诀与可产生的效果加以配对。

预热· ·确认选取的扫描区

预扫· ·可决定产生的图像是
　　　　否清晰

选择分辨率· ·可使灯管均匀发光

覆盖3D物体· ·防止扫描仪受其他光
　　　　源影响

（答案在14—15页）

10 想想看，数字生活对我们产生了什么影响？你最喜欢哪些改变？在你的想象中，未来的数字世界会是怎样的呢？

_____

_____

_____

_____

_____

_____